前　言

　　在古代，人们从雷阵雨中认识了电的威力，认为电是给黑暗带来短暂光明的使者；今天，我们从各种家用电器中认识了电的威力，认为电是给我们带来便捷的好仆人。那么电到底是什么呢？

　　从古希腊人发现摩擦后的琥珀可以吸附微小的物体到古人发现雷电可以劈开坚韧的树木，从科学家学会通过摩擦制造静电到富兰克林用风筝收集天空的雷电，人类在探索电的道路上踩下一个又一个深深的脚印。在这本书里，小读者将像看电影一样看到这些脚印和它背后积累的知识，看到人类未来的光明。

　　通过本书这个桥梁，小读者会了解电是怎么"产生"的，它从哪里来，要到哪里去，电都能做什么，它为什么会有这样的本领，它有什么危险。希望本书能像一辆神奇的列车，载着小读者驶向科学王国。

目 录
MULU

电 ⋯⋯⋯⋯⋯⋯⋯⋯ 6

发　电 ⋯⋯⋯⋯⋯⋯ 8

电的容器 ⋯⋯⋯⋯⋯ 10

电的性质 ⋯⋯⋯⋯⋯ 12

静　电 ⋯⋯⋯⋯⋯⋯ 14

电　子 ⋯⋯⋯⋯⋯⋯ 16

雷电的奥秘 ⋯⋯⋯⋯ 18

避雷针 ⋯⋯⋯⋯⋯⋯ 20

带正电的粒子 ⋯⋯⋯ 22

吸引和排斥 ⋯⋯⋯⋯ 24

看不见的电场 ⋯⋯⋯ 26

"生物电" ⋯⋯⋯⋯⋯ 28

电　源 ⋯⋯⋯⋯⋯⋯ 30

太阳能电池 ⋯⋯⋯⋯ 32

电　压 ⋯⋯⋯⋯⋯⋯ 34

电　流·························36

电流走哪里···················38

电导体·····················40

电　阻·····················42

用电器·····················44

半导体·····················46

电路的感觉器官············48

电路开关···················50

输电线路···················52

重要的电力·················54

集成电路···················56

电加热·····················58

电　镀·····················60

电　泳·····················62

电

电是什么？古人认为电是阴气与阳气相激而生成的，现代科学告诉我们，电是一种自然现象，蕴含巨大的能量。除了雷雨天气时蓝光闪耀的闪电，我们身边的生活用品很多都带"电"字，比如电灯、电话、电视、电脑等，人类的发展已经离不开电了。

"電"的来源

我们都知道，汉字是象形文字，现在通用的汉字是经过简化而来的。在古代，电写作"電"，最初是由"雨"字和"申"字上下结构而成。远古先民认为，掌管雷雨的天神是最初的神，而"电"便由甲骨文中的"神"字演化成"示"再到"申"，最后才成了"電"。

通电后电风扇风叶就会转动

雷电

夏天，每当天空乌云翻滚、狂风呼啸之际，一场大雨便要来临。这时，就会有一道道闪光划破云幕，宛如一条条蓝紫色的飞蛇四下乱窜，紧接着就会传来一声声震耳欲聋的雷声。这就是自然界中威力无比的雷电。

雷电的神话

在古代，人们看到雷电巨大的威力往往会感到恐惧，以为这是上天的力量，把雷电视为天神，并出现了许多神话传说。在我国古代民间至今还流传着"雷公电母"惩罚恶人的故事。

在北美印第安人的神话里，鹰是掌管雷电的神，当鹰在天空中盘旋的时候，它的眼睛可以释放出电光，嘴巴里发出雷鸣的声音，于是就有了雷电。

↑ 在富兰克林之后，俄国科学家里奇曼也进行了类似的实验，不幸的是，他被雷电烧伤致死。

雷电本质的猜测

18世纪时，西方人开始探索雷电的本质，并提出了多种猜测。美国科学家富兰克林认为电是一种没有重量的流体，存在于所有物体中，为了证明自己的猜测，他冒着生命危险做了一个著名的实验——"捕捉"闪电。

↑ 富兰克林

发 电

夏天是用电的高峰期，一旦缺电、停电，将会给我们的生活造成很多不便。而电又是从哪里来的呢？除了小型发电机，国民用电通常都是从发电厂输出的。目前发电的形式主要有火力发电、水力发电、风力发电以及核能发电等。

世界的"心脏"

电就像一颗巨大的心脏，强有力地驱动着我们这个庞大世界的运转。发电厂用发电动力装置将水能、核能、煤燃烧产生的热能以及太阳能、风能、地热能、潮汐能等转换而得到电能。

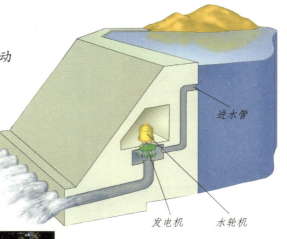

进水管

发电机   水轮机

➡ 水电站是利用水的势能和动能转换成电能的特性来发电的

生活用电

电是商品，按照消费需求类型可分为工业用电和生活用电。生活用电在我们周围随处可见，比如用电饭锅蒸米饭、用电脑上网，等等。另外，要节约用电，用电时要注意安全。

⬅ 每当夜幕降临，街道旁的路灯、大楼里的灯都亮了起来，使城市充满了绚丽和光明，这就是电的威力。

火电厂

　　世界上有多半电力都是通过火电厂生产的，简单地说，火电厂就是一个用燃料制造电的工厂。它是利用煤、石油等固体燃料和某些液体燃料燃烧产生热能，再转化为电能。

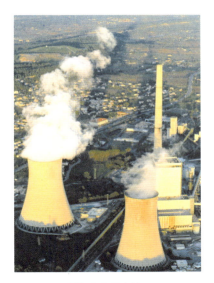

↑ 火力发电站

风力发电

　　人们很早就知道利用风来做功，例如通过风车来抽水、磨面。后来人们开始利用风来发电，近年来风力发电越来越受到重视，许多风力资源丰富的地方都相继建立了风力发电站。

↑ 在风力资源充足的地方，就是靠这些风车来发电的。

小 故 事

　　你知道吗？世界上最早的发电站是在1875年法国巴黎建造的一座火电站，在四年后，也就是1879年，美国旧金山的电厂首先开始出售电力。到了20世纪30年代后，电力取代了蒸汽，成为社会的主要动力。

核电站

　　核电站是怎样发电的呢？简单地说，它是以铀等核燃料在核反应堆中发生特殊形式的"燃烧"——核裂变来产生热量，这些热量再把水加热成蒸汽来推动发电机工作。

电的容器

　　容器就是盛放东西的器皿，比如喝水用的玻璃杯。虽然电不像水那样具有实体的特性，却一样有供其贮存的专用器皿，这种器皿叫电容器。顾名思义，电容器就是"装电的容器"，是一种电子设备中大量使用的电子元件之一。

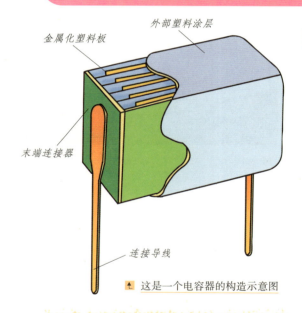

外部塑料涂层

金属化塑料板

末端连接器

连接导线

这是一个电容器的构造示意图

看不见的电

　　我们每天都会用到电，但是没有人能看到电是什么，这是因为电是一种现象。一般情况下，它是一种叫做电子的微粒按照一定规律运动形成的，其他带电粒子的运动也可以产生电流，不过这种电流很少见。

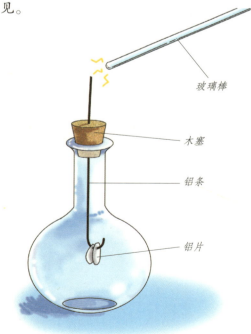

玻璃棒

木塞

铝条

铝片

小 实 验

　　你想储存电吗？找一个有橡胶塞子的玻璃瓶，然后再拿一个一端有弯钩的铝条，在这个弯钩上挂上轻小的两片铝片，然后把这个金属条穿在橡胶塞子上，把塞子盖在瓶口上，铝片的一端放在瓶子里。然后用和毛皮摩擦后的玻璃棒去接触铝条，如果你发现两片铝片分开了，就说明电被储存起来了。

无意间的发现——莱顿瓶

　　1746年,荷兰莱顿大学的教授穆欣布罗克在做电学实验时,无意中发现把带电的物体放在玻璃瓶里,电就不会跑掉。由于是在莱顿城发现的,因此叫莱顿瓶。作为最初的电容器,莱顿瓶其实和我们现今用的蓄电池是一个原理。

莱顿瓶的意义

　　穆欣布罗克的发现,标志着电容器的诞生。电学家们不仅利用它们做了大量的实验,而且做了大量的示范表演,有人用它来点燃酒精和火药,而最壮观的是法国人诺莱特在巴黎一座大教堂前所做的表演。

木塞

金属丝

▲ 莱顿瓶是最早出现的可以储存电的容器

有趣的试验

　　在莱顿瓶被发现以后,一个法国人邀请了法国国王和皇室成员亲自观看"莱顿瓶表演",他让七百名修道士手拉手排成一行,然后让左侧的人用手握住莱顿瓶,让右侧的人握瓶的引线,在握住导线的一瞬间,七百名修道士因受到电击,几乎同时跳了起来。

金属层

▲ 莱顿瓶放电时发出的强烈电火花,能把酒精点燃。

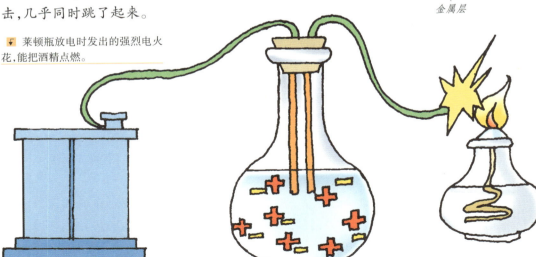

电的性质

电是一种流动现象,就像水的流动可以带动水轮,电的流动可以产生一系列电的现象,如电的磁现象,电的热现象等,只不过水流里流动的是水分子,而电流里是电子。

真空

玻璃外壳

灯丝

电源接口

⬆ 白炽灯结构示意图

热效应

电视机开一段时间后,你摸它的散热孔的地方,就会感到热乎乎的,这就是电流产生的热。这是因为电流在流过用电器的时候,会因为阻碍而损失能量,损失的能量都转化成了热,散播到空间中。19世纪的英国科学家焦耳通过大量实验,发现了电流通过导体释放的热量的计算方式。

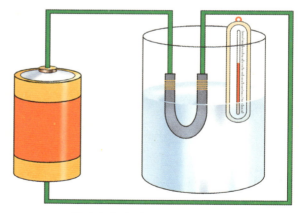

⬆ 电的热效应使通电导体的温度升高

发光效应

电的发光效应是和热效应分不开的。当一块铁在火炉里煅烧一段时间再取出来时,我们会发现它通体发出红光。同理,我们用的白炽灯就是电流通过灯丝,使其发热到一定程度而产生可以照明的光。

电流的传导

18 世纪，英国科学家格雷认为电是一种流体，导电物体只要与带电物体接触便会带电，这种经由接触而使电荷从一个物体传到另一个物体的过程，就是电的传导。

➡ 史蒂夫·格雷是 18 世纪英国科学家，他在电学方面有许多发现。

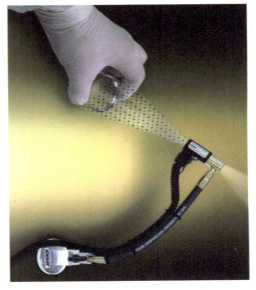

⬆ 这个吸尘器利用静电可以吸附轻小物体的性质，吸附空气中的灰尘。

电流的传播速度

电流的传播速度是指电压的传导速度，而不是电子的传导速度，电子移动得并不快，而电压的传播速度应该和光速一样，是 30 万千米每秒。

⬆ 电流可以传输到电动机上，驱动电动机运转，电动机再带动其他机械运转。

⬆ 格雷用飞行男孩实验证明悬浮物体上电的极性。

飞行男孩实验

史蒂夫·格雷设计了一个有趣的实验：他把一个小男孩悬挂在一个支架上，身上充上静电，能够吸附轻小物体。通过这个实验，格雷发现了电导体和绝缘体的一些秘密，因此获得了英国皇家学会的奖励。（这个实验非常危险，请读者不要模仿）

静 电

如果我们用一支塑料圆珠笔在头发中摩擦片刻，它就能把碎纸屑吸起来，这便是静电，是由"摩擦生电"生成。任何两个不同材质的物体相互摩擦都能产生静电，在日常生活中，各类物体都可能由于移动或摩擦而产生静电。

摩擦的结果

实验证明：被丝绸摩擦过的玻璃棒带正电荷，被毛皮摩擦过的橡胶棒带负电荷。摩擦并不能创造电荷，而只是使电荷从一个物体转移到另一个物体上。

丝绸

正电荷

玻璃棒

◄ 当你把刚梳理过头发的塑料梳子靠近细小的水流时，你会发现梳子使水流的方向发生了弯曲，这是因为摩擦过的梳子带有静电。

琥珀吸附轻物

公元前600年左右，古希腊的哲学家泰利斯发现琥珀经过摩擦后能够吸附动物的绒毛或细小的木屑。其实这种现象就是静电，由摩擦产生。有趣的是，电在古希腊文中就是"琥珀"的意思。

琥珀

羽毛被吸了起来

▲ 摩擦后的琥珀可以吸附羽毛

生活中的静电

有时候，当你伸手抓公交车铁制的扶手或者与别人握手时，会突然感到指尖发麻，这种不经意的电击其实是由人体静电产生的。在日常生活中,用塑料梳子梳头或者冬天睡觉前脱衣服都能听到"噼里啪啦"的声响,这些现象都是受到摩擦而产生静电形成的。

↑ 静电通过人体传导到头发上,使头发竖起来。

静电的利用

静电在生活中应用也很广泛,可以消除烟气中的煤尘,也可以迅速、方便地把图书、资料、文件复印下来。对白酒、醋和酱油使用高压静电,可以使白酒、醋和酱油的品味变得更纯正。

↑ 静电复印机

↑ 这是维姆胡斯发明的静电起电机,可以同时产生两种电荷。

15

电子

电子是一种自然界的基本粒子，目前无法再分解为更小的物质。它不仅是构成物质的组成部分，而且是形成电流的基本单元、电荷的最终携带者。如果说电流是一条河，那么电子就是那千千万万颗微小的水滴。

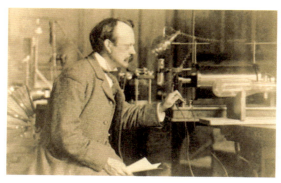

↑ 正在研究阴极射线的汤姆生

电子的发现

爱迪生是第一个发现阴极射线的人，后来英国物理学家汤姆生仔细研究了这种射线，最终确定它是一种前所未知的带电粒子，他把这种粒子称为电子。电子的发现打破了原子不可分割的说法，从此科学家研究的领域扩展到了原子内部。

汤姆生的实验装置

汤姆生将一个装有金属板的玻璃管内部的空气几乎全部抽光，用它来研究阴极射线，后来又用于研究电对气体作用产生的效应，这种装置叫阴极射线管。

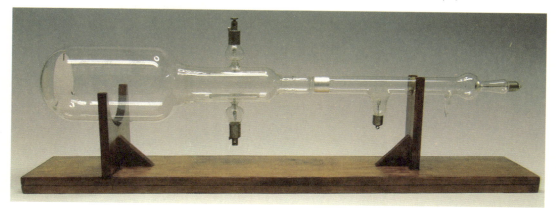

阴极射线

从低压气体放电管的阴极(负极)发出的电子,在电场加速下可以形成电子流,这就是阴极射线。电视机的显像管、电子显微镜等都是利用阴极射线在一定条件下能使被照射的物质发出荧光的性质来工作的。

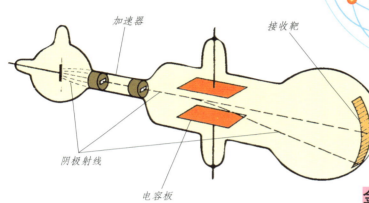

↑ 电子是围绕原子核运动的

加速器　　接收靶

阴极射线

电容板

电子在我们的生活中有很大的用处。仔细看看电视机的屏幕,你是不是会发现许多小方块格子呢?这些格子里都涂有荧光粉,电视机后面的管子里可以发出电子,撞击荧光粉,使荧光粉发出不同的颜色,让我们看到影像。

金属中"怕冷"的电子

金属中有许多可移动的电子,在低温下,只有极少数的电子能够摆脱金属内的静电吸引力,但只要将金属稍微加热,便会有许多电子获得"自由"而逃到空气中。

密立根测电子电荷

美国物理学家密立根在1911年用在电场和重力场中运动的带电油滴进行实验,精确地推算出了电子所带的电量。他发现所有油滴带有的电量都是某一最小电荷的整数倍,这个最小电荷值就是电子电荷。

↑ 密立根

雷电的奥秘

炎热的夏季，暴风雨来临时总会伴有电闪雷鸣。雷电在很长时间内都蒙着一层神秘的面纱。其实，雷电是一种大自然放电现象，通常发生在带有不同电荷的云块或云与地面物之间，正负电荷互相吸引，因此地面上的大树、楼房或人体很容易遭到雷击。

"捕捉"闪电

1752年的一个雷雨天，富兰克林用一根金属线将风筝放飞到了闪电密集的空中，并在金属线的尾端绑了一个铁钥匙。当闪电顺着金属线传递到钥匙上时，他忙把钥匙放进莱顿瓶，成功"捕捉"了闪电。

➡ 富兰克林在用风筝捕捉天空中的闪电

云层上方的正电荷

云层下方的负电荷

地面的正电荷

云层的摩擦

厚厚的云层由于强烈的气流搅动云层中的水滴，气流与水分子的摩擦使云层的上下分别带上正负电荷，带有不同电荷的云层也会不断摩擦，因正负电量不均衡而产生激烈的放电现象。

雷电的形状

普通闪电一般是曲折开叉的样子,叫枝状闪电;若在此基础上产生几条平行的闪电,便叫带状闪电;如果是使天空猛地亮起一大片的,则叫片状闪电。此外,还有一种十分罕见的闪电,它像一个光球一样在一片区域游动,称为球状闪电。

↑ 闪电时,因为电子会从不同的路径到达地面,所以雷电会分叉。

巨大的能量

雷电中蕴含着巨大的能量,普通闪电产生的电力约为10亿瓦,而超级闪电产生的电力则有1000亿瓦以上!可以说,一个中等强度雷电的功率就相当于一座小型核电站的输出功率。

雷声

我们看到的一束闪电其实是由3～4次闪击构成的,在不到1秒的短时间内,窄狭的闪电通道上要释放巨大的电能,因而形成强烈的爆炸,产生冲击波而形成雷声。

避雷针

我们常常看到在比较高的楼房顶上会安装一个细长的金属杆，并由一根或多根金属线接入大地，那就是避雷针。当雷电击在避雷针上时，电流就会通过引线释放到大地，被大地吸收。因为大地是一个很好的电容器。

雷击的灾难

世界上许多地区常遭遇雷击灾难，就在你阅读这篇文章的时候，世界上正有大约1800个雷电在发生中呢！雷击不仅能破坏建筑物和通讯设施，更是"死神的使者"，当人被雷电击中时，重者可导致当场死亡。

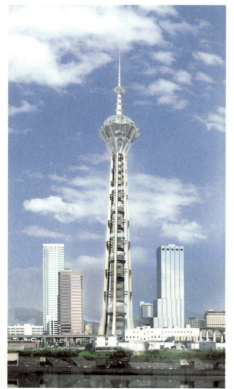

➡ 由于"尖端放电"效应，尖头的避雷针更容易吸引和传导雷电，所以避雷针的头都是尖的。

⬅ 高层建筑更容易被雷电击中，所以在高楼大厦上都安装有避雷针。

避雷针的发明

现代避雷针是美国科学家富兰克林发明的，这项发明为人类在防止自然灾害方面作出了重大贡献。18世纪中期，美国科学家富兰克林发现雷电的奥秘后，设想在建筑物顶安装一根金属杆，由导电的金属线与大地相连接，电流被导入大地便可以避开雷击，这就是早期的避雷针。

避雷针发展的波折

在避雷针最初发明与推广应用时,教会曾把它视为不祥之物,因此极力阻挠人们安装。在美国独立战争爆发时,避雷针传入英国,据说英国国王曾下令禁用避雷针,但避雷针的发展并没有因此而停下脚步。

⬆ 英国国王乔治二世出于反对美国革命的盛怒,曾下令把英国全部皇家建筑物上的避雷针的尖头统统换成圆头,以示与作为美国象征的尖头避雷针势不两立。

⬆ 通过实验,我们可以发现这个伞的金属尖顶可以吸引雷电,这就是避雷针能够保护建筑物的缘由。

⬇ 雷电时刻威胁着大城市的安全

注意安全

由于避雷针具有吸引雷电的性质,所以要注意保持避雷针的良好导电性,如果有一处连接不好或是断了,不但不能避雷,反而还会招来雷电。

带正电的粒子

我们所看到的任何物体都是由原子组成的，而原子是由更小的粒子组成的，既然电子带负电，中子不带电，而原子呈电中性，那么很明显，有一种粒子是带正电的。

枣糕原子模型

在20世纪初，科学家提出了几种原子模型，其中最有影响的是汤姆生的"枣糕式模型"。在这种模型里，原子是一个球体，正电荷均匀分布在整个球内，而电子就像枣糕里的枣子那样镶嵌在里面。

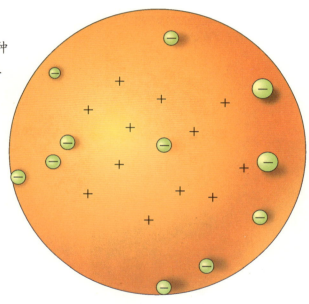

⬆ 汤姆生认为原子就像枣糕那样，带负电荷的电子沉浸在带正电荷的原子中，不断震动，从而发射出电磁波。

⬆ 卢瑟福是20世纪初英国著名的科学家

质子的发现

我们知道，用丝绸摩擦过的玻璃棒带正电，但是正电荷的来源一直没有找到。20世纪初，英国科学家卢瑟福发现带正电的粒子与原子的大部分质量一起，都集中在很小的原子核内，这便是正电的来源——质子。

原子行星结构模型

原子行星结构模型是由卢瑟福在 20 世纪初正式提出的，并在随后的有关实验中得到了良好的验证。这是一个非常形象的模型，就像一个迷你版的太阳系，原子核就是处于中间的太阳，而电子就是周围环绕着的众多行星。

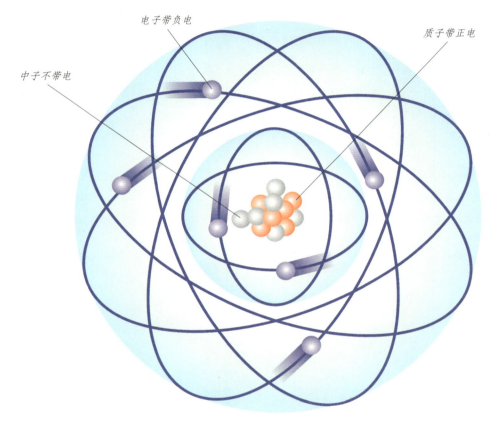

电子带负电

中子不带电

质子带正电

⬆ 今天，我们发现原子的行星模型也有不足之处，所以科学家提出了新的原子模型图来解释一些现象。

小　故　事

科学家在发现质子后，就以为原子是由电子和质子组成的，但是后来发现质子只占原子重量的一半，所以卢瑟福认为原子中还存在一种粒子，他称之为中子。后来，他的学生查德威克果然发现了中子。

不带电的中子

20 世纪 30 年代，卢瑟福的学生查德威克发现原子中还有一种不带电的粒子——中子，它的质量几乎与质子一样，与质子一起构成原子核。

 # 吸引和排斥

　　自然界中任何事物都有自己的规律，在我国传统文化中也有万物相生相克一说。同性相斥，异性相吸，其实这一点在电的范畴也同样适用，即同性电荷互相排斥，异性电荷互相吸引。

两种电荷

　　自然界有两种电荷，一种是正电荷，一种是负电荷。其中，与丝绸摩擦过的玻璃棒带正电，与毛皮摩擦过的橡胶棒则带负电。不论是带正电还是带负电，都有吸引轻小物体的性质。

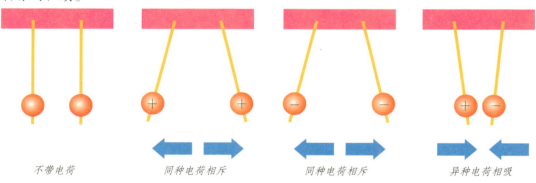

不带电荷　　　　同种电荷相斥　　　　同种电荷相斥　　　　异种电荷相吸

▲ 电荷的主要特性是同种电荷互相排斥，异种电荷相互相吸引。

电的作用

　　电是我们生活中必不可缺的资源，最普遍的用途是用来照明，还可以用来加热、进行静电复印、静电除尘，而我们用电脑来上网、收发电子邮件同样离不开它。

▶ 要使用电脑工作必须要有电

库伦钮秤实验

为了测量电荷间的作用力,法国物理学家库伦利用自己发明的钮秤来测量带电小球之间的吸引力与排斥力。经过多次实验,他得出了著名的库伦定律:带电物体间的引力和斥力的大小,与它们之间距离的平方成反比。

➡ 法国工程师、物理学家库伦

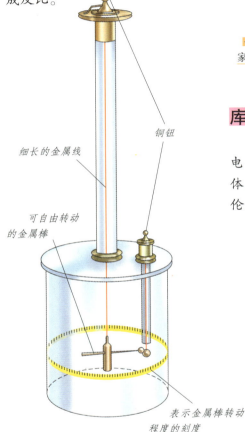

铜钮

细长的金属线

可自由转动的金属棒

表示金属棒转动程度的刻度

库伦力

电子间的直接作用是相互排斥的库伦力,当带电小球接近不带电小球时,如果不带电小球是导体,由于自由电子移动,将感应起电,于是就有了库伦力;如果是绝缘体,就没有库伦力。

带上电的物质

本来有一些物体是不带电的,但是如果这些物体接近一个带电体,它就会表现出带电的性质,这种现象叫做物质的电极化,金属更容易被极化。

 小 实 验

找一个气球,先把它吹得膨胀起来,在毛衣或者头发上摩擦几下,然后轻轻地拧开水龙头,使细细的水流流下,再把气球靠近水流,你会发现在静电的吸引下水柱变弯曲了。记得在水龙头下放一个接水的器皿,要节约用水哦!

➡ 带有电荷的气球可以吸附弯曲水流。

看不见的电场

我们踢足球要有足球场，开运动会要有操场，同样，带电物体中的电荷也有电场，只不过它是一种具有能量的物质，看不见摸不着，对带电物体中的电荷有作用力。

电场的来历

科学家发现在带电体周围存在着一个奇特的现象，如果你把一个带电物体放到另一个带电物体附近，那它就会受到力的作用。在很长时间里人们不知道这种力是怎么来的，后来通过实验，人们发现在带电体的周围存在一个电场，只要存在电场，带电物体就会受到力的作用。

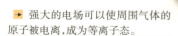
➡ 强大的电场可以使周围气体的原子被电离，成为等离子态。

"我的地盘我做主"

"我的地盘我做主"这句时尚的口头禅用在电场身上实在是再贴切不过了！电场的本质是对放入其中的电荷有作用力，只要电荷进入它的"地盘"，就会受到作用力，这种力就叫做电场力。

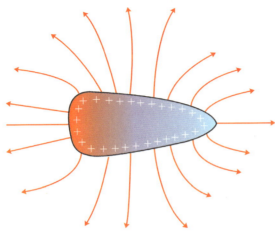

电场的强度

我们用电场力和电荷的比值来衡量电场的强度,产生电场的带电体电荷越强,场强就越强大。

想看看电场是什么样子吗?用前面制作的储存电的瓶子,在铝条的弯钩上挂上更多轻小的铝条,然后把静电传给这些铝条,这个时候你会看到这些铝条都向着周围伸展,从这里你就可以大概看到电场的样子。

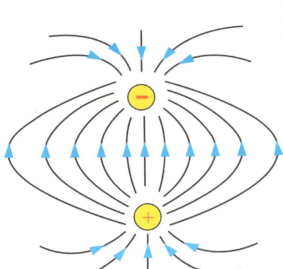

电场线

为了形象地描述电场场强的变化,人们在电场中画出一些有方向的曲线,这种曲线就是电场线。从电场线的指向和密集程度,就可以判定场强的方向和大小。

⬇ 电场可以改变电子的运动轨迹。在下面这幅图片中,玻璃管内那些弯曲的光线就是电子受电场影响,轨迹被弯曲的结果。

电场分类

无论是静止或运动的电荷,或变化的磁体,都具有电场。静止电荷产生稳定的静电场,而运动电荷或变化的磁体会产生感应电场,和静电场不同,感应电场的电场线没有起点和终点。

"生物电"

生物电是生物体所呈现的电现象。在生活中，医院里为病人做脑电图和心电图等其实就是利用脑和心脏等器官所表现的复杂生物电变化，反映出这些器官的功能状态，这一技术在临床诊断上得到广泛的应用。

青蛙腿上的发现

意大利解剖学家伽伐尼在解剖青蛙的过程中发现：当解剖刀碰到蛙腿神经时，蛙腿就会抽动。这一发现很快在科学界引起了高度关注，许多科学家都展开实验，希望在第一时间破译这种现象。

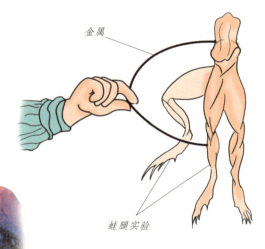

金属

蛙腿实验

伽伐尼的猜测

作为发现者，伽伐尼猜测这是由于蛙腿带有电荷所引起的，为此，他还进一步做了很多实验，试图解释这个现象。不久，另一位意大利科学家伏打对此提出了不同的看法。

◀ 伽伐尼在实验室解剖青蛙，用刀尖碰到剥了皮的蛙腿上外露的神经时，蛙腿剧烈地痉挛，同时出现电火花。

电的争论

伽伐尼认为，动物与金属接触时，体内的"生物电"会被释放出来；而伏打却坚信电荷是从两片金属的接触点产生的，因此称为"金属电"。其实现在看来，双方的理论各有缺点，都不算完全正确。

↑ 伽伐尼是意大利医生和动物学家，他发现电可以刺激蛙腿抽动，并因此受到关注。

↑ 伽伐尼和伏打争论电流产生的原因

轰动

后来，伏打在伽伐尼的实验基础上，致力于金属生电的研究。他用两片不同类型的金属和一片浸着化学溶液的厚纸片制成了著名的伏打电堆，在当时引起了极大的轰动。

小 实 验

我们很容易就可以看见"生物电"，把一根铜条和一根铁条洗干净，然后用金属线连接起来。把铁条含在嘴巴里，然后闭上眼睛，用铜条轻轻碰触眼皮，你会感觉到眼前有火花闪动，这就是"生物电"。

➡ 伏打电堆的结构十分简单，它有装有溶液的玻璃管，从玻璃管里引出不同的导线，当导线互相接触时，就会有电流流过。

意义

伏打电堆是第一个能产生稳定、持续电流的装置。以前在科学界应用广泛的静电起电机只能产生短暂的电流，给科学研究带来了许多限制，伏打电堆的问世，为电学的研究打开了新局面。

电　源

像泉眼这样能够提供水的叫水源,同样,能够提供电的装置就是电源。夜晚赶路时用的手电筒里的干电池、电动车上的蓄电池等,这些都是电源。

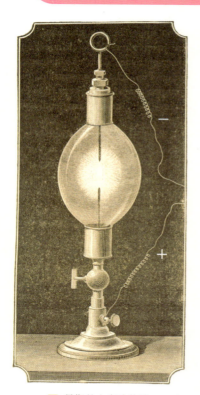

▲ 早期的电实验装置

伏打的电理论

意大利物理学家伏打认为,如果把两种不同的金属连片放置在导电溶液中,两者都会呈带电状态,一种带正电,另一种带负电。后来他根据这一理论制成了伏打电堆,也就是现代电池的雏形。

■ 伏打向人们展示他制作的电堆

电的转移

电池对外供电时,电池内部发生化学变化,正极聚集正电荷,负极聚集负电荷,电子发生定向转移而产生电流。

溶液产生电

任何一个电池都有正、负极和介于它们之间的电解质。经过研究,科学家发现最简单的电池就是在装满溶液的瓶子中放置两片不同的金属板。金属板充当电池的正负极,而溶液则为电解质。

↑ 电池原理图

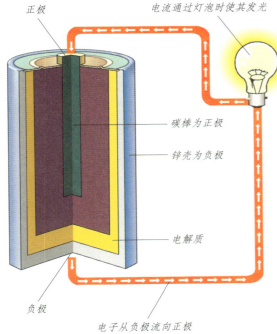

正极

电流通过灯泡时使其发光

碳棒为正极

锌壳为负极

电解质

负极

电子从负极流向正极

化学电池

手电筒或闹钟里装的电池、手机用的电池、汽车上用来进行电子打火和照明的蓄电池等都是化学电池,它们分别是原电池、二次电池。原电池用过后就没电了,必须更换,而二次电池则可以再次充电使用。

→ 闹钟使用的干电池是属于化学电池中的原电池

小 实 验

现在我们来做个有趣的小实验:先准备好小灯泡、铜片、锌片、导线以及切半的柠檬,然后把连上导线的锌片和铜片插入柠檬果肉里,你会发现,导线另一端连接的小灯泡亮了。另外,再告诉大家一个小秘密,用西红柿、橙子等也可以制作哦!

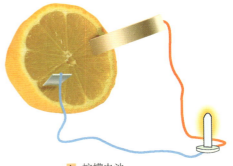

↑ 柠檬电池

太阳能电池

我们听过或见过太阳灶、太阳能热水器,也用过干电池,但对太阳能电池可能就有点陌生了,它是一种直接把光能转化成电能的装置,目前太阳能电池的应用范围还很小。

神奇的太阳能电池

我们都知道一般的电池要么用一次就不能用了,要么就要充电,但是有一种电池却很神奇,只要有太阳光照射,它就有用不完的电,它就是太阳能电池。太阳能电池还有一个本领,就是能把多余的电转存起来,这样即使到了夜晚没有阳光了,我们依然会有电用。

太阳能帆板

太阳能电池帆板,简称太阳能帆板,太阳能帆板上面贴有半导体材料,可将太阳光能转换成电能,它的面积很大,像翅膀一样在航天器的两边展开,所以又叫太阳翼,是航天器上的一种能源装置。

◄ 太阳能电池板的表面是能接受光的半导体,它可以将光能转化成电能。

⬆ 太阳能电池板将太阳的光能转化为电能后,会输出直流电存入蓄电池中。

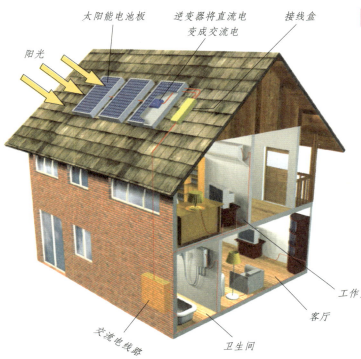

太阳能电池板　　逆变器将直流电　　接线盒
　　　　　　　　变成交流电
阳光

工作室
客厅
交流电线路
卫生间

⬆ 设想中的太阳能住宅

从光到电的变化

当太阳光照射到太阳能电池板上的时候,光子会撞击半导体材料表面的电子,使这些电子产生移动,这样半导体中就会产生电流。因为电子的多少与阳光的强弱和太阳能板被照射的面积大小有关,所以越大的太阳能板产生的电流越强。

⬆ 太阳能热水器可以将阳光转化为热能。

热水器

热水器在现代日常生活中是不可缺少的用品,主要有电热水器、燃气热水器和太阳能热水器几种。不过有些太阳能热水器同时也带有电热水器功能,这样无论是光照不强的冬天还是阴雨天气,都可以使用了。

小 实 验

太阳能到底有多厉害?光靠说可能你还不太了解,那么我们就来做一个小实验吧!它可以让你知道太阳能的威力有多大。你需要准备一个放大镜和一张涂有黑斑的纸,然后在太阳下,用放大镜聚焦阳光,照射黑斑,一会儿就能看到纸燃烧起来了。

太阳能汽车

早在 20 世纪 50 年代,第一个光电池就诞生了。将光电池装在汽车上,用它将太阳光不断地变成电能,使汽车开动起来,这种汽车就是新兴起来的太阳能汽车,具有很大的环保性。

电 压

> 我们知道水向低处流是因为地球的吸引力，而电流之所以能够在导线中流动，是因为有一种作用在推动电流，这种作用的一个平均值就被称为电压。

电为什么移动

在一个闭合的电路中，电源的正极聚集着正电荷，负极聚集着负电荷，这样一来，正负极间便会产生电压。电压迫使电子由负极流向正极，但是因为历史缘故，我们今天认为电流的方向是从正极到负极。

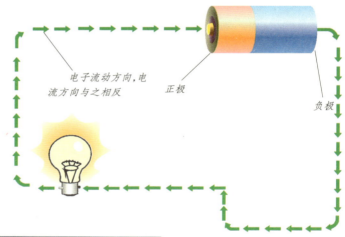

电子流动方向，电流方向与之相反

正极

负极

富兰克林的解释

在人类认识到存在电以后，就对电是如何运动的产生了兴趣。在18世纪中叶，美国科学家富兰克林提出：电的本性是某种液体，它不均匀地渗透在一切物体之中，只要获得了势差，它就可以像水一样流动。于是他仿照水压提出电压这个概念。

↑ 我们生活用电的电压一般为220V，但电在传输的过程中电压却非常高，因此高压电线很危险，通常需要架得高高的。

变压器

不同的用电器需要不同的电压，所以有一种设备可以改变电压，这就是变压器。变压器由两个缠绕着电线的铁芯组成，它可以按照一定比率增加或降低电压。

▲ 伏打

110/120 伏特   铁芯   220/240 伏特

初级线圈   次级线圈

220/240 伏特   铁芯   110/120 伏特

▲ 变压器的工作原理示意图

单位

在国际单位制（SI）中，电压的单位为伏特（V），简称伏，是为了纪念意大利物理学家伏打而定名的。电压的大小主要由电路中的电流和电阻的大小决定。

▲ 电压表

小 实 验

找一个小电压表，然后把它连接在干电池的两端，这样你就可以测出这块电池的电压了。注意，我们生活中使用的电流的电压很大，只能用特制的电压表来测量，所以千万不要去碰那些危险的电器。

电压表

电压表是用来直接测量电路两端的电压的仪器，常用的电压表有三个接线柱，一个负极接线柱，两个正极接线柱。电压表可以直接接在电源的两端，不过在使用前要先校零，必须并联在被测电路中，使电流从电压表的正极接线柱流入，负极接线柱流出。

电 流

电荷常常被比做是看不见的液体,而电流就是这种"液体"的流动。虽然这种比喻并不完全精确,但却可以帮助我们以更具体而熟悉的方式来了解电流的诸多奇妙之处。

电流"兄弟俩"

电流可分为直流电和交流电,就像一对兄弟。电流大小和方向都固定不变的,叫直流电,它有固定的正极和负极,如电池。反之,大小和方向都随时变化的电流,叫交流电,如我们通常所用的 220V 家庭用电。

⬆ 直流电只沿一个方向流动

⬆ 交流电呈波状,先朝一个方向流动,接着又向相反的方向流动。

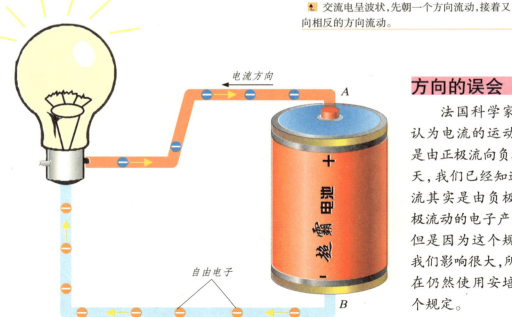

电流方向

A

自由电子

B

方向的误会

法国科学家安培认为电流的运动方向是由正极流向负极。今天,我们已经知道,电流其实是由负极向正极流动的电子产生的,但是因为这个规定对我们影响很大,所以现在仍然使用安培的这个规定。

电流的大小

电流的大小对用电器影响很大，如果电流的强度不够，用电器就无法正常工作。不过在一般情况下，加载在一段导体上的电压越大，这个导体上通过的电流就越大。

⬆ 生活中常见的电池所产生的就是直流电

电流表

电流表是用来测量电路中电流大小的仪器，使用电流表需要注意几点：

* 电流表要串联在电路中；

* 正负极接线柱要连接正确；

* 与电压表不同，电流表绝对不能直接连到电源的两极上，否则会烧坏电流表。

⬆ 不同电流表的外形也不一样，像上面那个电流表通过调节，可以测量很大的电流，而下面这个电流表只能测量一定范围内的电流。

⬆ 有的仪器同时具有测量电流和电压的本领，比如这个电箱既可以测量电压，也可以测量电流。

小 故 事

水里也可以产生电流，这是因为在水里总是会存在带电的小颗粒，这些小颗粒会在电场的作用下移动，形成来回往复的电流。不过溶液中的电流大小是有限度的，它的大小和溶液中带电颗粒的多少有关。

电流走哪里

水流从小溪汇聚到江河,然后再奔向大海,都要经过一定的路线,和水流一样,电流也需要路线来行走,才能发挥自己的力量,这样的路线就是电路。

电流行走的"道路"

电路也有不同,如果把电池的正负极用导线连接起来,中间再加个灯泡,这样的电路叫做串联电路。串联电路没有分叉。另外一种有分叉的电路称为并联电路,在我们的日常生活中,并联电路是最重要的电路连接方式。

⬆ 串联电路

⬆ 这个是电源并联电路,常用的蓄电池就是这种连接方式。

电路中有什么

电路中基本的构成组件是电源、用电器和开关,把这些组件用导线连接起来就组成了一个电路。例如,家里用的一盏台灯,打开开关,台灯就会工作,照亮黑暗。

◀ 开关起到合上或断开电路的作用

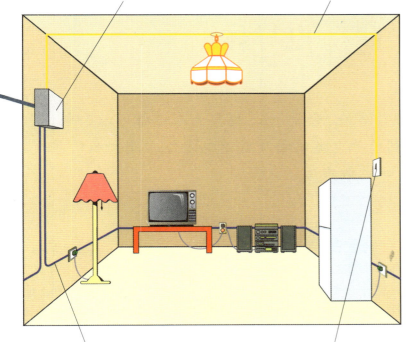

配电箱中装有保险丝、断路器和电表。

黄色线是供顶灯的线路

蓝色线与所有的插座连接

顶灯的开关与顶灯串联

电路规则

我们出行时，无论是步行还是驾车，都要遵守各种交通规则。同样，电流在电路中运行，也要遵守它们的"交通规则"。比如，当电路被断开，它们就要停下来，就像遇到红灯一样。通过研究，科学家发现在电路中电流最喜欢走阻碍最小的路。

短路

如果电路中电位不同的两点直接碰接或被阻抗非常小的导体接通时，就会发生危险的短路。在短路电流忽然增大时，会在瞬间释放很大的热量，大大超过线路正常工作时的发热量，不仅能使导线的绝缘外皮烧毁，而且能使金属熔化，甚至引发火灾。

电路图

人们为了研究和工程的需要，用约定的符号绘制的一种表示电路结构的图形，就是电路图。它主要由元件符号、连线、结点、注释四大部分组成，通过它就可以知道实际电路的情况。

电线在此处断了

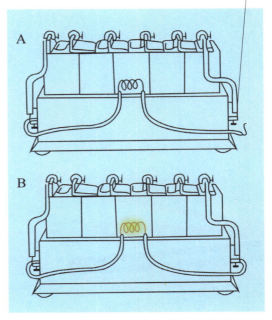

⬆ 上图中A图是断路图，电阻丝不亮；B图是通路图，电阻丝被点亮。

电导体

硬币、酸碱盐溶液、金属、水、树甚至人体都可以导电，像这种可以顺利传导电流的物质就是电导体，而金属的导电性能最好，应用也最广泛。

电的通道

在金属中，部分"淘气"的电子能够脱离原子核的束缚而在金属内部自由移动，这种电子叫做自由电子。当电流通过时，这些电子会形成规则的定向移动，从而成为电的通道。

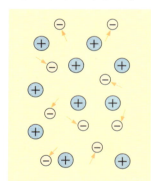

▲ 电子杂乱无章地运动　　▲ 电子流动一致而形成电流

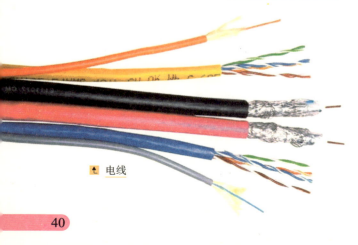

▲ 电线

重要的导体

只有通过导体，电力才能从电厂传输到千家万户，也只有导体可以把电能转化成其他形式的能量，比如热能或机械能。所以寻找合适的导体是一项十分重要的任务。在日常生活中，我们最常用的导体是铜或铝。

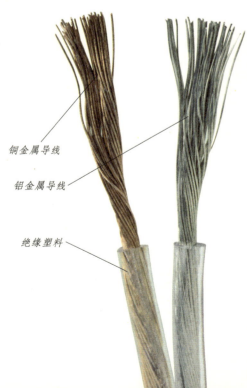

铜金属导线

铝金属导线

绝缘塑料

主要金属导体

凡是金属都是导电的,只不过有性能优劣之分,主要的金属导体有金、银、铜、铁、锡、铝以及一些合金等,银是最优良的导体,但它太昂贵了,因此只用在特殊地方作为导体。

⬆ 这是一个铜制品,具有导电性,是金属导体之一。

⬆ 钢也是一种导体,但是它更适合做建筑材料,而不是导线。

石墨导体

你可能想不到,铅笔芯也是导体,它的主要成分是石墨粉,是非金属导体之一。有一种叫石墨炸弹的武器,在空中爆炸时会散布大量极细的石墨絮,飘落到敌人的供电设备上后,会造成短路,从而使供电系统瘫痪。

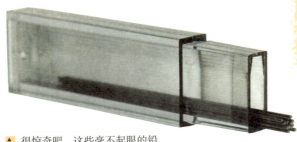

⬆ 很惊奇吧,这些毫不起眼的铅笔芯居然也是导体。

小　实　验

又是小实验时间了,这次我们来做个测试:导体导电强弱的实验。准备三根长短粗细不相同的导线,然后分别用这三根导线把一节干电池和小灯泡连接起来,用小灯泡是不是明亮来判断导线的导电性强弱。你会发现那些又粗又短的导线导电性最好。

⬇ 耀眼的闪电宛如一条巨龙腾空而来,劈中了房子周围的大树。

树下不可避雨

雷雨天气为什么不可站在树下呢?我们已经知道树是电导体之一,树木中有许多汁液,这种树液具有良好的导电性,因此人站在树下避雨不仅起不到任何保护作用,而且很危险!

电 阻

如果在崎岖的山路上骑自行车,你会感觉非常困难,花费很大力气和时间却仅仅走了很短的路程,这是因为阻力大;但如果在平滑的公路上,就会很轻松。同样,电流通过导体时也会遇到阻力,这种阻力叫电阻。

电流的损失

电阻是一个耗能元件。如果把电流比做人,把电阻比做一座山,人爬过这座山肯定要消耗体力;同样,电流经过电阻也会受到一定的损耗。

欧姆

为了纪念德国物理学家欧姆在电学精密实验领域作出的杰出贡献,电阻的国际单位以这位科学家的姓氏命名为欧姆。

⬆ 欧姆是 19 世纪德国著名科学家

⬇ 溶液导体也有电阻,不过它的电阻会随着电压的增加而变得越来越大。

电阻的大小

如同江河里的沙洲可以缓和水流的冲力、分叉水流，电阻对电流同样具有缓冲、分流的作用。沙洲有大有小，电阻的阻值也同样有大有小，由不同材质和材质的大小决定。

变化的电阻

为了能够灵活地改变电阻值而改变电路中电流的大小，科学家发明了变阻器。我们晚上用的台灯有些可以通过旋转开关按钮调节灯光的明暗，其实这就是一个变阻器。

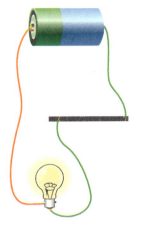

⬆ 当电阻较大时，电流减小，灯泡变暗。

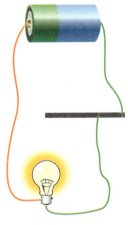

⬆ 当电阻较小时，电流增大，灯泡变亮。

 小 故 事

欧姆本来只是德国乡下的一个中学老师，后来他对导体的电阻产生兴趣，并买来实验仪器，检测导体的电阻，最终发现了导体性质、长度与粗细和电阻的关系。他发现的规律后来被称为欧姆定律。

电阻定律

电阻定律也叫欧姆定律，这个定律是德国物理学家欧姆提出来的。他指出：导体的电阻等于它两端的电压除以通过它的电流。

欧姆定律：

$$R(电阻) = V(电压) / I(电流)$$

⬆ 滑动变阻器可以任意调节电阻的大小

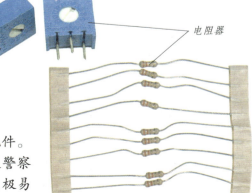

电阻器

电阻器

电阻器是所有电子电路中使用最多的元件。它产生的电阻在电路中扮演着摩擦力和交通警察的角色。没有摩擦力和交警，车辆无法刹车，极易出事故，没有电阻器的电路也会出现类似情形。

用电器

当电进入应用以后，人们开始研究各种可以将电能转化成别的用途的机器，早期除了电灯，就数电熨斗较为常见。到了近些年，电饭锅、电动车等先进电器涌现出来，大大改善了我们的生活状况，这些用电工作的机器统称为用电器。

常见的用电器

现在无论是严寒还是酷暑，人们都不怕了，因为有了空调；即使天气再热，也不怕食物放坏了，因为有了电冰箱；晚上睡不着觉也不用担心寂寞，因为有了电视……这些都是我们身边常见的用电器。

⬆ 电熨斗利用电加温，可以熨烫衣服。

⬆ 环保无氟冰箱

⬇ 工厂生产车间

工厂里的用电器

人们的衣食住行都离不开电，你也许会问了，衣服与电有什么关系呢？其实我们身上穿的衣服先是纺织厂织出布，再由制衣厂制作出来的，这两种工厂都是由电带动大型机器进行生产的，如果没有电，工厂就无法组织生产。

电加热器

电加热器其实就是把电能转化成热能的工具。自从发现电流通过导线可以发生热效应之后，各种电加热器便来到了我们的身边，给我们的生活带来了翻天覆地的变化。

↑ 电饭煲利用电加热食物，而且可以自由设置温度。

↑ 电加热电器在我们生活中十分常见

↑ 不要随意改变用电器插头

↑ 不要用湿毛巾擦电路连接处

不同电器使用的电压也不一样，如果电压过低，电器就不会启动，如果电压过高，电器就可能被烧毁。在日常生活中，我们使用的是平均电压为 220V 的交流电，交流电的力量要比直流电大很多。

安全用电

电是我们生活中必不可少的"朋友"，现在越来越多的用电器都需要它来工作，但如果你认为可以和它表现得很亲密的话，那你就错了。它脾气很坏，谁惹了它，它就会无情地进行攻击，所以为了避免损伤，最好学会安全地使用它。

半导体

半导体是导电性能介于导体和绝缘体之间的物体，导体可以很好地导电，绝缘体几乎无法导电，然而半导体却可以导电，只不过导电性能比金属导体要弱。

导电原理

半导体是一种接近绝缘体的导体，因此只具有少量自由电子，其余的电子则只能从一个原子跳到另一个原子。俗话说"一个萝卜一个坑"，电子跳离原子后，会留下一个"坑"，称之为空穴。空穴的性质如同带正电的电荷，和电子运动方向相反，因此可以导电。

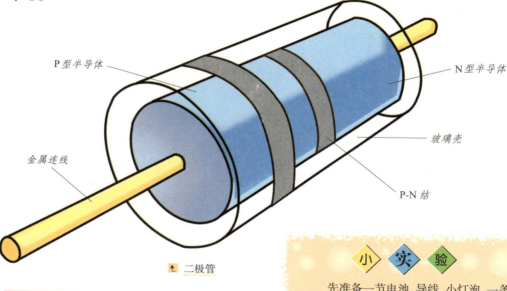

P 型半导体　　N 型半导体　　玻璃壳　　P-N 结　　金属连线

↑ 二极管

二极管

二极管也是一种半导体材料，它只有两个电极，一个正极，一个负极。二极管只允许电流向一个方向流动，即只能从正极流向负极。

小 实 验

先准备一节电池、导线、小灯泡、一条生锈的铁丝和一条崭新的铁丝，然后将电池、导线和小灯泡连接起来。这时我们先后将导线与两条铁丝相连，注意观察小灯泡的亮度，你会发现，导线连接锈铁丝时，灯泡的亮度要比连接新铁丝时弱得多。

不同的半导体

除了硅和铁、铜等的氧化物可作为半导体外,其他半导体材料还有锗、金刚砂等。金刚砂是由硅和同族的碳发生化学反应生成的物质,通常比较坚固且呈彩色,曾广泛应用于早期的无线电检波器,不过现在只用作研磨材料。

↑ 金刚砂

↑ 收音机中有许多电子元件,分别起不同的作用。

应用

半导体多应用于电子产品制造,例如硅,被用来制造集成电路中的芯片,也用在收音机的组件中。有意思的是,在我国东北地区方言中,一般以"半导体"来代指半导体收音机。

半导体的材料

最常见的半导体是生锈的铁或铜,它们是化合物半导体。在工业应用上,当属硅最出名,也最广泛,它是一种元素半导体。半导体材料有很多种,对现代电子学非常重要。

↑ 这些是用螺丝固定的半导体,螺丝下面的黑色物体就是半导体。

↑ 用硅制成的芯片

电路的感觉器官

我们的身体上有视觉、嗅觉、味觉、听觉和触觉五个感觉器官,当你闭上眼睛时,虽然看不见东西,但可以用手感觉身边的物体,这就是触觉。同样,电路也有自己的触觉器官。

传感器

传感器就是电路的感觉器官,能够代替人的耳、眼、鼻等器官,去感知和获取人不能直接获取的自然界当中的信息和信息量。它应用十分广泛,常见的有压力传感器、温度传感器和辐射传感器等。

怎么工作

传感器能够获取一些人不能直接获取的信息和信息量,并将它们转换成可供人们读取的信息,或者智能化地执行某种指令。它可以是单一的,也可以是多种传感器的组合体,比如人造卫星。

🔺 除了感应开关,光电鼠标用光电传感器代替了滚球,通过检测鼠标器的位移,将位移信号转换为电脉冲信号,再通过程序的处理和转换来控制屏幕上的光标箭头的移动。

➡ 人类第一颗人造卫星上并没有安装传感器,但是后来发射的卫星几乎都装有各种传感器。

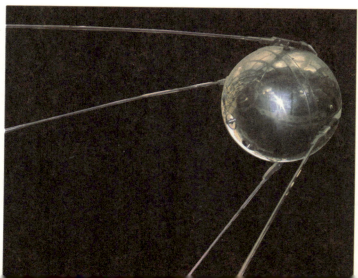

↑ 红外温度传感器可以探测人体辐射的红外能量,并测量人体表面温度。

温度传感器

　　同压力传感器的工作原理类似,温度传感器是通过感应温度而工作的。生活中有些报警器便使用了温度传感器,当温度超过预设的范围时,传感器就下达了报警的指令。

↑ 这个辐射传感器还可以计量辐射强度

辐射传感器

　　辐射传感器的作用也很重要,它可以用来检测新装修的房子是否存在对人体有危害的辐射物质,也可以用来探测矿藏等。

　　有一次,一个小偷潜入博物馆,想要盗取十分名贵的油画作品,就在他靠近油画的时候,忽然警铃响起,结果小偷被急忙赶来的警察抓住。原来在油画旁边有感受红外线的传感器,如果人靠得太近,它就会发出报警声。

↑ 电梯的门就有压力感应器,如果在没有合上的时候感应到了受力,就会自动打开。

压力传感器

　　压力传感器,顾名思义,就是通过感受外界的压力而执行相关的指令的传感器。比如,当你进入一个餐厅的时候,它的门会自动打开,这是因为你的身体压力被传感器传到控制门的电子电路中,电路于是就把门自动打开了。

 # 电路开关

当你夜晚睡觉时，不再需要灯光了，这时候开关可以帮助你。我们平常所说的"关灯"其实就是用开关断开正在工作的电路，而"开灯"则是用开关把断开的电路重新闭合。

不同的开关

出于不同用途或者根据不同的结构，人们制造了各式各样的开关。开关按用途分为电源开关、控制开关、转换开关等，按结构分为滑动开关、拨动开关、按钮开关、薄膜开关等。

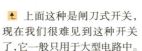

↑ 上面这种是闸刀式开关，现在我们很难见到这种开关了，它一般只用于大型电路中。

← 我们日常生活中使用的开关就像左边的那样，可以通过按钮或插头来控制。

开关的结构

找来一个开关，拆开它你会发现，开关的两端都有通电的部件，中间是一个可以活动的金属薄片，金属薄片一段固定在开关一端，另一段则与有绝缘材料的一端挨在一起。

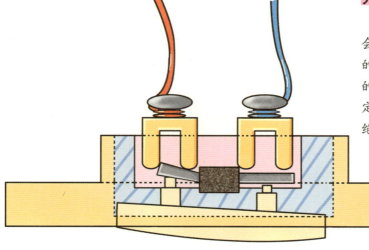

开关的作用

开关可以使我们轻松安全地控制电器的工作状态。当我们需要电器工作时，只要轻轻一按，电器便"听话"地执行命令；同样，当我们不需要时，也只需轻轻一按。如此一来不仅方便快捷，而且能够节省电能。

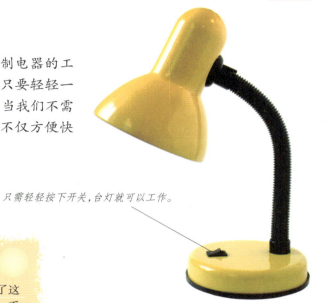

只需轻轻按下开关，台灯就可以工作。

来做一个小小的实验。你在看了这么多开关以后，在自己的家里找一找，看看都哪里有开关存在，它们都是什么样子。开关是控制电流的，所以各种家用电器都有自己的开关。找开关的时候记得注意安全。

保险丝

在公路上设置红绿灯指挥交通是为了防止交通事故。同样，保险丝也算得上一个电路中的红绿灯。在家里的电路中，你可能见过一个玻璃管，里面装着一段细金属丝，这就是保险丝，一旦用电量超标，它就会自动熔断。

电器内部的保险丝

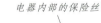

⬆ 保险丝是电路中十分重要的元件，它保证电路在过载的时候可以自动断开。

输电线路

我们平常所说的高压电线其实就是输电线路，这在我们生活中很常见，它一般由数条足够粗的金属电线组成，用电线杆或电塔架在远离地面的高空，连接在两个公共变电站之间。

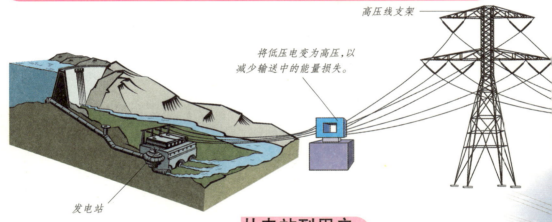

高压线支架

将低压电变为高压，以减少输送中的能量损失。

发电站

从电站到用户

由于输电线路是从电站输出电，电压非常高，电流强度大，不适合直接接入用户，因此人们用另一种电压较低的线路作为一个"桥梁"沟通输电线和用户，这种线路叫配电线路。

电线杆

电线杆一般都是水泥材质的，像敬业的士兵一样笔直地站在道路两旁、田野里、铁路边，甚至是院子里。它们无怨无悔地架起电线，不怕风吹日晒。

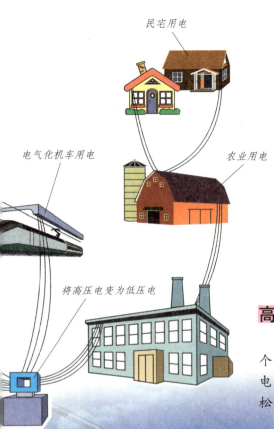

民宅用电

电气化机车用电

农业用电

将高压电变为低压电

地线

　　家庭用电的电线一般是由火线和零线组成,但为什么有三孔插座呢?原来,这第三个线路是地线。它通常用来防止静电,也可以在用电器漏电时,将电流导入大地。

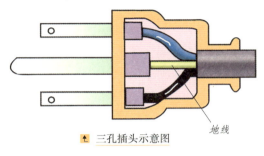

地线

▲ 三孔插头示意图

高架电塔

　　坐在旅行的车里,你注意到沿途田野里那一个个"钢铁巨人"了吗?它们便是高架电塔。由于输电线中的电压非常高、传输距离长,为了防止电线松坠等意外事故,这些电线一般都要架得很高。

重要的电力

100 多年前,电力开始作为人们利用的能源之一,从此,这种以电能作为动力的能源彻底改变了人们的生活。当今大多新技术产品都依靠电力进行工作,可以想象,如果没有电力,那将多么可怕啊!

电力革命

在 19 世纪 70 年代后,人类对电的研究达到了一定程度,电力开始被应用到人类的生活中,许多人投身于电力开发、传输和利用方面的研究,于是,人类社会迎来了继工业革命之后的第二次技术革命——电力革命。

推广

电力改变了世界产业结构,从最初用于照明推广到电子、化学、汽车、航空等一大批技术密集型产业,大量电气化产品进入我们的生活,使人类从机械化时代进入了电气化时代。

现代社会的基本能源

　　电力将自然界的一次能源通过发电设备转化成电力，再经输电、变电和配电将电力供应给用户。当今互联网时代的来临，使得人们对电力的需求持续增长。因此，可以说，电力已经成为现代社会最基本、最重要的能源。

无处不在的电器

　　在我们身边，你会发现电器无处不在。我们早上起来会用微波炉加热早餐，上学的路上遇到红绿灯，在教室里用投影仪辅助学习，等等。

🔺 在今天，家用电器随处可见，电对我们的影响很大。

🔺 微波炉已经成为我们日常生活中的必用品

节约用电

　　知道了电是怎么来的，我们就应该节约用电，比如睡觉前关掉不需要工作的电器。在许多公共场所，也会根据需要采用声控灯，以达到节约用电的目的。

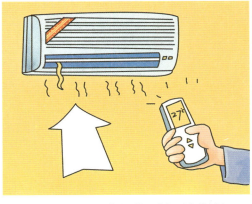

🔺 电并不是无限多的，所以我们要节约用电。

 # 集成电路

在一些电器中你可以见到一些安装了许多电子元件的薄板,这就是集成电路。千万别小看它,它可是一个可以完成一定任务的复杂电子板。

缩小的电子元件

在现在的生产技术下,许多电子元件可以制造得很小,这样它们就可以集中装在一块电路板上,构成集成电路。集成电路采用了一定的工艺,将电路的体积大大缩小,但是功能却能保持完整,从而使电子元件向着微小型化、低功耗和高可靠性方面迈进了一大步。

⬆ 电脑主板

集成电路的应用

集成电路具有体积小、重量轻、寿命长、性能好等优点,同时成本低,便于大规模生产。因此不仅在工业、民用电子设备等方面得到广泛的应用,如收音机、电视机、计算机等,而且在军事、通讯、遥控等方面也得到广泛的应用。

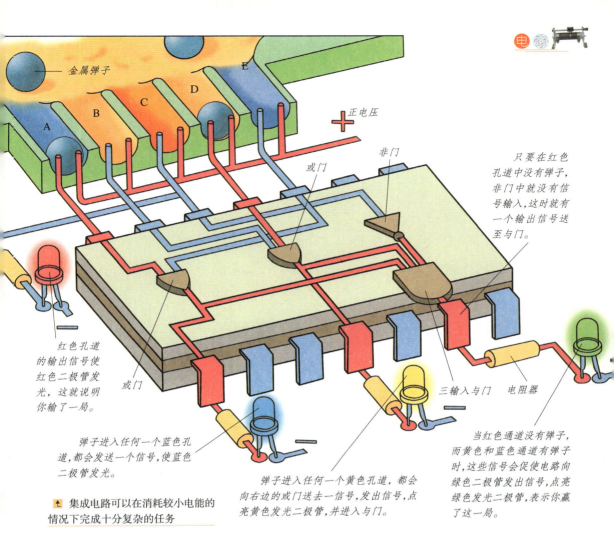

金属弹子

A　B　C　D　E

正电压

或门

非门

只要在红色孔道中没有弹子，非门中就没有信号输入，这时就有一个输出信号送至与门。

红色孔道的输出信号使红色二极管发光，这就说明你输了一局。

或门

弹子进入任何一个蓝色孔道，都会发送一个信号，使蓝色二极管发光。

弹子进入任何一个黄色孔道，都会向右边的或门送去一信号，发出信号，点亮黄色发光二极管，并进入与门。

三输入与门　电阻器

当红色通道没有弹子，而黄色和蓝色通道有弹子时，这些信号会促使电路向绿色二极管发出信号，点亮绿色发光二极管，表示你赢了这一局。

⬆ 集成电路可以在消耗较小电能的情况下完成十分复杂的任务

硅板

　　集成电路用半导体材料制成，其中硅既便宜又坚固，是应用最广的半导体材料。将大块硅晶体切片并打磨光滑，便制成了一种薄而圆的晶片，称为"硅芯片"或者硅板。再利用掺杂技术在硅板上制造电子元件，便形成了集成电路。

大规模集成电路

　　集成电路按集成度（每块芯片所包含的元器件数）的高低可分为小规模集成电路、中规模集成电路、大规模集成电路和超大规模集成电路。大规模集成电路就是在一块基板上集成成百上千个元件的电路。

 # 电加热

我们知道,电能产生热效应,人们利用电的这一特性制造出各种设备。在日常生活中,用电来加热的用品很多,比如冬天用的电热毯,利用热气熨平衣服的电熨斗等。

电能加热

在电没得到利用之前,人们主要通过火来加热、取暖、煮饭等,这是因为物体在燃烧时会放出大量的光和热。同样,电在通过一些特殊的设备时也能放出光和热,用于照明和加热,比如电灯和电烤炉。

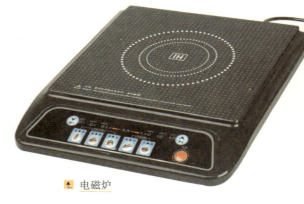

⬆ 电磁炉

电热器

电热器就像一个"魔术大师",当电流进入它的"手掌"后,转了一圈,再拿出来就成了散发着热气的能量。电之所以能加热物品,和电热器是分不开的。电热器也很常见,比如理发店里的吹风机或者是厨房里的电磁炉里面的电热丝就是一种电热器。

常用热水器

　　"热得快"是最常见的热水器之一。它就是一个很简易的U形金属管,在使用时,将它插入装满清水的水壶,再通上电,过一会水就沸腾了。

➡ 利用电阻加热的
热水器

⬆ 利用电阻加热的加热器

优点与缺点

　　电加热设备不仅在使用上非常方便,而且很清洁,不会对环境造成污染。但是,由于电加热会使电器升温,这些设备在使用一段时间后,绝缘材料的耐热程度不够,会迅速老化,甚至可能烧坏电器,引起火灾。

小 实 验

　　准备好半杯水、几块冰、电池、导线、电阻丝,还有温度计,我们来做一个小实验。先将导线、电阻丝和电池连接,然后将电阻丝和温度计放入水杯中。仔细观察,你会发现随着温度上显示的温度不断升高,冰块也逐渐融化了。

工厂里的熔炉

　　电可以产生很高的温度,熔化钢铁。在炼钢厂里有特制电磁炉,它依靠频率很高的电流产生的涡流获得热量,使炉芯的温度高达2000℃,这样就可以使炉芯中的金属被熔化,易于锻造。

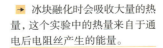

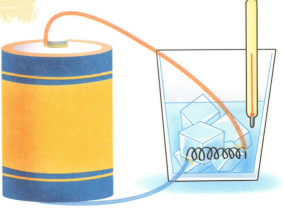

➡ 冰块融化时会吸收大量的热量,这个实验中的热量来自于通电后电阻丝产生的能量。

电 镀

自行车的外壳有一层光亮的金属，它就是用电镀技术贴在钢铁的表面的，其实电镀物品在生活中很常见，比如金光闪闪的镀金项链、明亮的镀铝锅等。

金属保护层

为什么要电镀？我们把需要电镀的金属叫做基材，给基材镀上金属镀层，可以在基材表面形成一个保护层，增强基材的抗腐蚀性、润滑性和耐热性，提高导电性，增加硬度，防止氧化损耗等。

⬆ 电镀过的不锈钢轴承

⬆ 镀银的勺子和叉子不仅看起来十分美观漂亮，而且还可以防止被氧气氧化腐蚀。

电解金属

如果将导电的金属棒放入水中，那么水中就会冒出大大小小的气泡，这是因为水被电分解成了氢气和氧气。同样，金属溶液也可以被电解，金属离子可以通过电解，重新成为单质的金属。

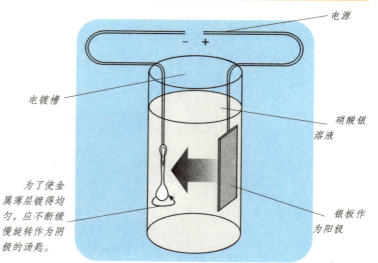

电源

电镀槽

硝酸银溶液

银板作为阳极

为了使金属薄层镀得均匀，应不断缓慢旋转作为阴极的汤匙。

电镀优点

镀金属在古代就出现了，但是它们都存在着各种比较大的缺点，到了近代，电镀法诞生了，它能使镀层薄而均匀，这样可以节省许多材料，而且电镀更牢固和美观。

← 图中的乐器和水壶的表面都被用电镀法镀上了薄薄的一层金属

小 实 验

我们知道了什么是电解，那么下面就自己动手实验一下吧。准备好电池、导线、两根金属棒和一杯水，先将导线和两根金属棒连接起来，然后接入电池的正负极，再将通了电的金属棒放入水杯中，看看是不是水中冒出了小气泡？

电镀工具

简单来说，电镀工具就是一块蓄电池连接两个分别代表正负极的金属导电杆，导电杆插入金属溶液后将其电解，所形成的电解液便可以用来电镀了。

↑ 这个实验可以说明电镀原理：电流通过使铜线上的铜通过溶液被镀到钥匙表面。

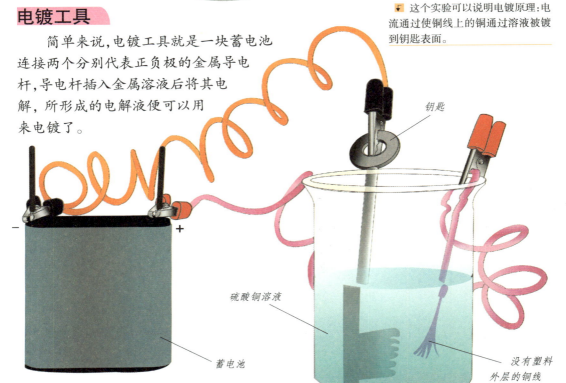

钥匙

硫酸铜溶液

蓄电池

没有塑料外层的铜线

电　泳

　　电场也可以在水中通过,在电场的推动下,水中带电的物质会向着某个方向游动，这种现象被称为电泳。电泳不光是科学研究的方法,也是一项十分重要的技术。

什么是电泳

　　在电场中,带电的小物体向阴极或阳极迁移，迁移的方向取决于它们带电的符号,带正电的向负极迁移,带负电的向正极迁移。这种迁移现象就是电泳。

　　这种仪器就是电泳,被广泛应用于工业生产中。

　　下图就是电泳现象,它可以根据人们的需要,从某些物质中分离出想要的东西。

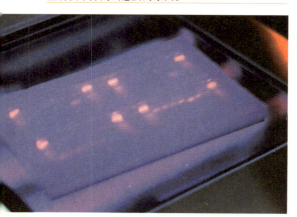

电泳分离

　　我们知道,将装着石子和清水的杯子倒在细网上就会把水分离出来,这是因为水可以通过网眼,而石子不能。与之类似的是,带电的小物体在电场中也可以被分离,这是因为带电小物体的带电量不同,经过一定时间后,由于移动速度不同而相互分离。

不同的电泳

按分离原理的不同,电泳分为移动界面电泳、区带电泳、等电聚焦电泳和等速电泳四种。

在 1937 年,瑞典科学家蒂塞利乌斯利用电泳分离了马血清白蛋白的三种球蛋白,为研究血液开辟了一条新的道路。在这之后,又有许多科学家利用电泳技术分类生物大分子,为现在的生物技术打下了基础。

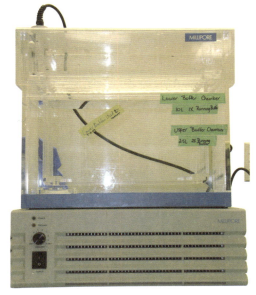

⬆ 上图显示的是电泳系统,电泳就发生在其中,没有这个系统,电泳就无法进行。

⬇ 电泳测定蛋白质性质

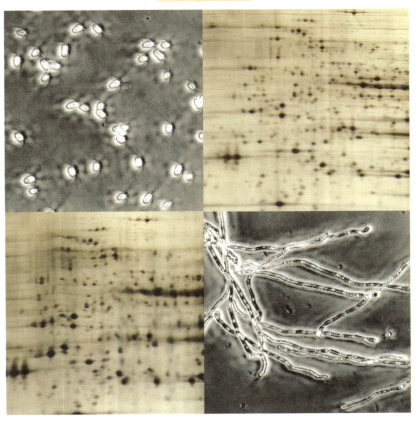

电泳应用

从 20 世纪 70 年代起,当电泳在滤纸等介质中得到应用后,发展十分迅速,形式丰富多彩。除了用于小分子物质的分离分析外,电泳主要用于蛋白质、核酸、酶,甚至病毒与细胞的研究。由于某些电泳设备简单,操作方便,具有高分辨率及选择性特点,因此在化学、医学、微生物学等各个领域得到了广泛应用。

图书在版编目（CIP）数据

科学在你身边. 电 / 畲田主编. —长春：北方妇女儿童
出版社，2008.10
ISBN 978-7-5385-3532-7

Ⅰ. 科… Ⅱ. 畲… Ⅲ. ①科学知识－普及读物②电学－
普及读物 Ⅳ. Z228　O441.1-49

中国版本图书馆 CIP 数据核字（2008）第 137231 号

出版人：李文学
策　划：李文学　刘　刚

科学在你身边

电

主　　编：	畲　田
图文编排：	药乃千　袁晓梅
装帧设计：	付红涛
责任编辑：	张晓峰　于德北
出版发行：	北方妇女儿童出版社
	（长春市人民大街 4646 号　电话：0431-85640624）
印　　刷：	三河市宏凯彩印包装有限公司
开　　本：	787×1092　16 开
印　　张：	4
字　　数：	80 千
版　　次：	2013 年 3 月第 1 版
印　　次：	2013 年 3 月第 1 版第 3 次印刷
书　　号：	ISBN 978-7-5385-3532-7
定　　价：	12.00 元